"水·产·生·态·养·殖·技·术·手·册" 丛·书

鲟鱼流水养殖技术手册

贵州省农业科学院水产研究所 / 编

李世凯 杨 兴 田应平 / 主编

贵州出版集团
贵州科技出版社

图书在版编目（CIP）数据

鲟鱼流水养殖技术手册/贵州省农业科学院水产研究所编；李世凯，杨兴，田应平主编. -- 贵阳：贵州科技出版社，2022.8
（"水产生态养殖技术手册"丛书）
ISBN 978-7-5532-1066-7

Ⅰ.①鲟… Ⅱ.①贵… ②李… ③杨… ④田… Ⅲ.①鲟科-鱼类养殖-手册 Ⅳ.① S965.215-62

中国版本图书馆 CIP 数据核字（2022）第 101085 号

鲟鱼流水养殖技术手册
XUNYU LIUSHUI YANGZHI JISHU SHOUCE

出版发行	贵州出版集团 贵州科技出版社
地　　址	贵阳市中天会展城会展东路A座（邮政编码：550081）
网　　址	http://www.gzstph.com
出 版 人	朱文迅
策划编辑	朱文迅　程冠华　袁　隽
经　　销	全国各地新华书店
印　　刷	贵州新华印务有限责任公司
版　　次	2022 年 8 月第 1 版
印　　次	2022 年 8 月第 1 次
字　　数	40 千字
印　　张	2.25
开　　本	787 mm × 1092 mm　1/32
定　　价	19.80 元

天猫旗舰店：http://gzkjcbs.tmall.com
京东专营店：http://mall.jd.com/index-10293347.html

"水产生态养殖技术手册"丛书编委会

主　编： 李正友
副主编： 张效平
编　委： （按姓氏笔画排序）

王　伟　王艳艳　田应平　吕振宇
李　礼　李小义　李正友　李世凯
杨　兴　杨　星　吴俣学　闵文武
张显波　张美彦　张效平　罗天逊
罗凤琴　周其椿　赵　飞　赵　凤
胡锦丽　黄福江　商宝娣　覃　普
曾　圣

序

近年来，我国水产养殖业发展取得了显著成绩，党中央、国务院高度重视生态文明建设和水产养殖业绿色发展。加快推进水产养殖业绿色发展，是落实新发展理念、保护水域生态环境、实施乡村振兴战略、建设美丽中国的重大举措和必然选择。2019年农业农村部、生态环境部、自然资源部等十部委联合发布的《关于加快推进水产养殖业绿色发展的若干意见》（农渔发〔2019〕1号），为新时代渔业绿色发展指明了方向。2021年，《贵州省国民经济和社会发展第十四个五年规划和二〇三五年远景目标纲要》提出，加快做大做强十二个农业特色优势产业，积极发展生态渔业。2022年国务院发布的《国务院关于支持贵州在新时代西部大开发上闯新路的意见》（国发〔2022〕2号）提出，支持贵州在新时代西部大开发上闯新路，在乡村振兴上开新局，在实施数字经济战略上抢新机，在生态文明建设上出新绩。

自2018年以来，贵州省委、省政府就将生态渔业列为全省十二大农业特色优势产业之一，生态渔业为2020年贵州撕掉千百年来的"绝对贫困"标签，打赢脱贫攻坚战，作出了重要贡献。现正处于乡村振兴的重要时期，如何结合农村实际情况，发挥好生态渔业的特色产业优势，是巩固拓展产业扶贫成果、实施乡村振兴战略的重要课题。

由贵州省农业科学院水产研究所牵头编写的"水产生态养殖技术手册"丛书，是"贵州乡村振兴"书系的重要组成部分。该丛书围绕当前农村地区水产养殖存在的养殖管理技术水平有限、养殖品种选择不准确等常见问题，向广大养殖户介绍常规养殖品种（如草鱼、鲤鱼、鲫鱼等）以及养殖效果较好的黄颡鱼、斑点叉尾鮰、牛蛙、加州鲈、鲟鱼、观赏鱼等特色养殖品种，对传统"稻渔"养殖模式进行分析，从养殖品种的生态习性、养殖管理方法、病害防治等多个方面进行最新知识的普及与技术手段的传播，以期解决养殖户日常碰到的各种养殖难题。整套丛书内容专业全面，形式生动活泼，指导性强，其出版可谓是生态渔业科普领域一项非常有意义的创新性工作。

衷心祝愿该丛书的出版获得成功！希望该系列图书能为每一位读者答疑解惑！

国家重点研发计划项目首席科学家，二级研究员

2022 年 7 月 7 日

目 录

第一篇	什么是鲟鱼？	01
第二篇	鲟鱼有哪些种类？	03
第三篇	如何分辨各种鲟鱼？	21
第四篇	养殖鲟鱼前需要了解什么？	27
第五篇	如何进行鲟鱼养殖？	33
第六篇	如何做好病害防治？	47
第七篇	销售商品鱼要注意什么？	53
附 录	名词解释	57

第一篇

1

什么是鲟鱼?

认识鲟鱼

鲟鱼是大中型的经济鱼类,具有个体大、生长快、抗逆性较强等优点。

第二篇

2

鲟鱼有哪些种类?

鲟鱼的种类

世界上鲟科鱼类一共有27种，其中我国有8种，分别是：中华鲟、达氏鲟、白鲟、史氏鲟、达氏鳇、小体鲟、西伯利亚鲟、裸腹鲟。

鲟鱼的种类 ★

- 中华鲟
- 达氏鲟
- 白　鲟
- 史氏鲟
- 达氏鳇
- 小体鲟
- 西伯利亚鲟
- 裸腹鲟

中华鲟

鲟鱼有哪些种类？

中华鲟

中华鲟（又名大腊子、鳇鱼等）⭐

主要分布于我国长江。体表有 5 行骨板，有背鳍后骨板和（或）臀后骨板，臀鳍基部两侧无骨板。侧骨板以上为青灰色、灰褐色或灰黄色，侧骨板以下由浅灰色逐渐变为黄白色，腹部呈乳白色。口大横裂，下位，能自由伸缩，吻腹面有 2 对须，横行排列，位于吻端至口间。中华鲟个体较大，最大的雄鲟鱼体长可达 2.5 米以上，体重超过 150 公斤（1 公斤 =1000 克 =2 斤）*；最大的雌鲟鱼体长可达 4 米，体重达到 680 公斤。

中华鲟

中华鲟

中华鲟是国家一级保护动物，禁止私自捕捞、养殖和销售！

---

* 鉴于本书为农业科普性质图书，为便于广大农民群众阅读理解与实际操作，本书质量单位采用"公斤"，面积单位采用"亩"，并在全书第一次出现处分别给予其与"克""斤"和"平方米"的换算关系；物理单位采用文字表述（如"平方米"）。

鲟鱼有哪些种类？

达氏鲟

| 达氏鲟（又名长江鲟、沙腊子、小腊子）

分布于我国长江。体表有 5 行骨板，有背鳍后骨板和（或）臀后骨板，臀鳍基部两侧无骨板。体色背部深、腹部浅，幼鲟侧骨上方呈灰褐色或铁灰色，下方呈灰白色或乳白色。有 2 对吻须。达氏鲟雄鱼长可达 1.1 米，重可达 10 公斤；雌鱼长可达 1.2 米，重可达 15 公斤。

达氏鲟也是国家一级保护动物，同样禁止私自捕捞、养殖和销售！

达氏鲟

达氏鲟

白 鲟

白鲟（又名象鱼、箭鱼）

曾经分布于我国长江。鱼体呈长形，鱼体背部呈青灰色、腹部呈乳白色。体表裸露，无骨板，尾部有退化鳞片痕迹，尾鳍上叶有7~10个菱形硬鳞。吻长超过体长的一半，吻延长呈剑状，由前向后逐渐变宽。口中有牙，无吻须。吻部及头两侧分布有许多梅花状陷器。鳃孔大，鳃盖膜发达，向后延伸，呈近三角形。白鲟个体很大，最大体长可达7.5米。

很遗憾，由于诸多原因，目前白鲟已基本灭绝，长江里很难再发现它们的踪迹。

白 鲟

鲟鱼有哪些种类？

史氏鲟

史氏鲟（又名施氏鲟）

原产于黑龙江。在吻腹面、吻须基的前方有5~9粒的粒状凸起，平均7粒，当地渔民据此又称史氏鲟为"七粒浮子"。鱼体延长呈纺锤形，体色有灰色和褐色2种。体表有5行骨板，身体最高点在第一背骨板处。第一背骨板最大，背骨板与侧骨板之间有星状小骨片。下位口，口裂小，呈花瓣状，吻凸出呈锐三角形或矛头形，吻端与口之间的中点有2对吻须，上有纤毛。最大的史氏鲟长可达3米，重可达200公斤，但一般体长在1米以下，体重为4~6公斤。

史氏鲟

史氏鲟

史氏鲟是国家二级保护动物，在获得许可之后可以进行人工养殖。目前史氏鲟已经成为主要的养殖品种之一。

达氏鳇

达氏鳇(又名黑龙江鳇、达乌尔鳇)

原产于黑龙江。背部墨绿色或褐黄色,体两侧淡黄色,腹部灰白色。全身被5列骨板,身体最高点在第一背骨板。第一背骨板最大,有背鳍后骨板。口位于头的腹面,吻端锥形,吻须2对,左、右鳃膜相互连接。吻呈三角形,比较尖,呈透明状。达氏鳇是大型鲟鱼,最大的个体长可达5米以上,体重可达1100公斤。

目前野生的达氏鳇也是国家一级保护动物,同样禁止私自捕捞、养殖和销售。但在获得许可之后,允许与其他鲟鱼进行杂交。

达氏鳇

鲟鱼有哪些种类？

小体鲟

小体鲟（又名尖吻鲟）

原产于欧洲地区，目前在我国新疆额尔齐斯河水系也有分布。小体鲟的体色变化较大，但背部常呈深灰褐色，腹部呈黄白色。体表有5行骨板，无背鳍后骨板和臀后骨板，骨板行之间有大量小骨板分布。吻长变化很大，有吻须2对，上有纤毛。小体鲟个体较小，除了个别长可达1.25米、重可达16公斤外，其余一般不超过1米长、6.5公斤重。

小体鲟个体比较小,虽然也是养殖对象之一,但目前养殖的人比较少。

小体鲟

鲟鱼有哪些种类？

西伯利亚鲟

西伯利亚鲟

西伯利亚鲟是目前养殖的主要品种之一。

西伯利亚鲟（又名贝氏鲟）★

原产于西伯利亚地区，在我国其自然种群主要分布于新疆。体色变化较大，背部和体侧浅灰色至暗褐色，腹部白色至黄色。体表有5行骨板，其骨板行间的体表分布有许多小骨片和小微粒，无背鳍后骨板和臀后骨板。幼鱼骨板尖利，成鱼骨板磨损、变钝。有吻须2对，光滑或着生少许纤毛。下位口，口裂小，吻尖而长。最大的西伯利亚鲟体长可达2米，体重为200～210公斤。

裸腹鲟

| 裸腹鲟 ★

分布于黑海、亚速海、里海、咸海以及一些河流中。1933—1934年从咸海的锡尔河中将其引入巴尔喀什湖（位于哈萨克斯坦）、中国新疆伊犁河上游。体背青绿色，腹侧银白色。体有5行骨板，以背部正中一行最大，背鳍前有15块骨板；左、右体侧各有1行骨板，共有62块左右；左、右腹侧各有1行骨板，共有12块左右。吻腹部有须4对。

裸腹鲟

在我国，裸腹鲟分布于新疆伊犁河的上游，2020年才首次实现人工繁殖。

除以上8种中国本土的鲟鱼外，目前国内养殖的鲟鱼品种还有匙吻鲟。在自然环境中，匙吻鲟是滤食性的，和花白鲢一样哦！而且它和其他鲟鱼喜欢冷水不同，在温度高的水体中，它也能正常生长。

鲟鱼有哪些种类？

匙吻鲟

匙吻鲟

匙吻鲟（又名鸭嘴鲟）★

原产于美国密西西比河流域。身体侧扁，背部呈灰褐色，两侧渐浅，其中常有一些斑点，腹部灰白色，各鳍为灰黑色。体表裸露，无骨板，尾部有退化鳞片痕迹，尾鳍上叶有13～20个菱形硬鳞。吻长而扁平，形如鸭嘴或汤匙，吻的长度约为体长的1/3。口中无牙，无吻须。覆盖鳃盖的皮肤延伸超过鳃盖的边缘，末端较尖。头和吻的表面布满梅花状的陷器。

俄罗斯鲟

俄罗斯鲟 ★

主要分布于里海、亚速海、黑海,以及流入这些海域的河流之中。体表有5行骨板,背部和两侧分布许多星状小骨板,有背鳍后骨板和(或)臀后骨板。俄罗斯鲟的体色变化较大,成鱼背部灰黑色、浅绿色或墨绿色,腹部灰色或浅黄色;幼鱼背部蓝色,腹部白色。吻短而钝,下唇分裂,有吻须2对,吻须上无纤毛。最大的俄罗斯鲟长可达2.3米、重可达110公斤。

俄罗斯鲟作为引进品种,目前也是人工养殖的对象之一。只是由于"长得丑",卖相不好,而且不耐运输,目前养殖的人并不是很多。

俄罗斯鲟

鲟鱼有哪些种类？

杂交鲟

| 杂交鲟（包含大杂、小杂、西杂）

杂交鲟是目前养殖最为广泛的品种，绝大部分养殖场里的鲟鱼都是杂交鲟，而不是某些卖家宣传的"中华鲟"哦！

大 杂 ★

大杂是以史氏鲟为父本、达氏鳇为母本的杂交良种。体延长呈圆锥形，横切面呈圆形，腹面扁平。体呈褐色或黑色。下位口，口裂中等，口裂宽度介于达氏鳇和史氏鲟之间。吻呈三角形，比较尖，不透明，左、右鳃膜不连接。

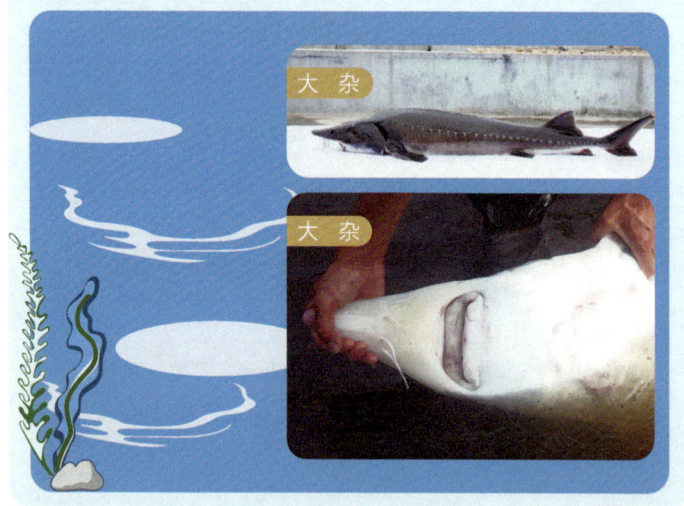

鲟鱼有哪些种类?

小 杂

小杂是小体鲟与史氏鲟的杂交良种。吻端较尖且上翘,左、右鳃膜不相连。

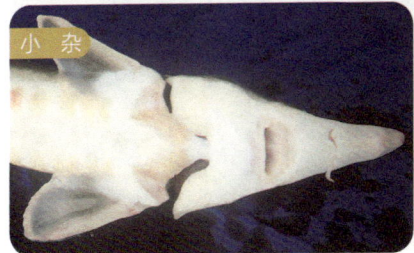

在一些地区,小杂也是一种常见的养殖品种。

西 杂 ★

西杂是西伯利亚鲟与史氏鲟的杂交良种。吻端较尖,左、右鳃膜不相连。

和大杂一样,西杂也是主要的养殖品种。

第三篇

3

如何分辨各种鲟鱼?

各种鲟鱼的分辨

农博士,上面提到这么多种类的鲟鱼,要怎么去区分它们呢?

如何分辨各种鲟鱼?

白鲟科与鲟科的区别(图1)

★ 白鲟科体表无骨板;鲟科体表有5行骨板,其中背部1行,左、右体侧各1行,左、右腹侧各1行。

★ 白鲟科吻延长、扁平,长度占整个头部长度的70%以上;鲟科吻不延长。

★ 白鲟科无吻须,鲟科有2对吻须。

图1 白鲟科与鲟科的区别

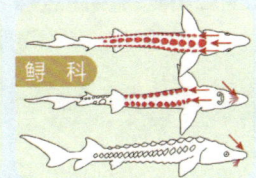

白鲟科与鲟科最大的区别就是它们的嘴——呈"鸭嘴"形状的就是白鲟科。

鲟属与鳇属的区别（图2）

★ 鲟属口裂小，不达头侧，开口向下；鳇属口裂大，呈星月形，有时达头侧。

★ 鲟属吻须呈圆形，鳇属吻须呈扁平形。

★ 鲟属左、右鳃膜不相连，鳇属左、右鳃膜相连。

图2 鲟属与鳇属的区别

杂交鲟与纯种鲟的区别

杂交鲟吻端较尖且上翘，但大部分纯种鲟吻端较圆钝。

有的杂交鲟骨板离散、不连续，纯种鲟（鲟科）骨板连续。

有的杂交鲟有2～4根吻须，纯种鲟（鲟科）有4根吻须。

简单来说，鲟属和鳇属主要是从口和须来区分的，杂交鲟和纯种鲟主要是从须和骨板等来区分的。

如何分辨各种鲟鱼？

俄罗斯鲟与其他鲟鱼的区别 ★

★ 俄罗斯鲟的腹部为黄色，其他鲟鱼的腹部不是黄色。

★ 俄罗斯鲟的骨板发亮，其他鲟鱼的骨板不发亮。

匙吻鲟与白鲟的区别（图3）★

★ 匙吻鲟吻端圆滑，白鲟吻端较尖。

★ 匙吻鲟口中无牙，白鲟口中有牙。

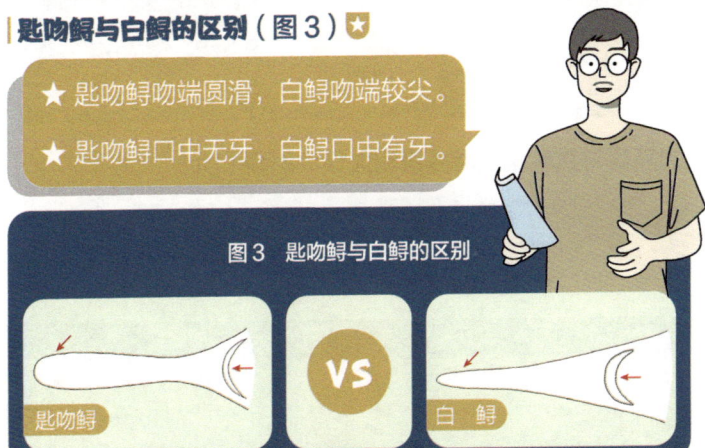

图3 匙吻鲟与白鲟的区别

达氏鲟与中华鲟的区别（图4）

★ 达氏鲟侧骨板宽大于高，中华鲟侧骨板高大于宽。

★ 达氏鲟的鳃耙数大于29，中华鲟的鳃耙数小于30。

★ 达氏鲟侧骨板上方呈灰褐色或铁灰色，下方呈灰白色或乳白色；中华鲟侧骨板上下方颜色差异不显著。

★ 达氏鲟幼鱼皮肤粗糙，中华鲟幼鱼皮肤光滑或仅局部粗糙。

图4 达氏鲟与中华鲟的区别

史氏鲟与其他常见养殖鲟属鱼类的区别（图5）

★ 侧面观，史氏鲟身体的最高点在第一块背骨板处，第一背骨板也是最大的骨板；其他鲟属鱼类身体的最高点不在第一块背骨板处，第一背骨板也不是最大的骨板。

图5 史氏鲟与其他常见养殖鲟属鱼类的区别

第四篇

4

养殖鲟鱼前需要了解什么？

明确养殖方式

流水池养殖是目前贵州采用得最多的一种养殖鲟鱼的方式。这种养殖方式占地面积小、产量高、管理方便，主要特点是在固定形状、规格的鱼池内提供稳定的水流量，保证在一定水交换量的条件下进行养殖生产。

养殖鲟鱼前需要了解什么？

第四篇

明确养殖品种

常见的鲟鱼养殖品种主要有西伯利亚鲟、史氏鲟以及杂交鲟。可以根据自己的实际情况，选择合适的养殖品种。

西伯利亚鲟

杂交鲟

史氏鲟

了解什么是"投饵率"

简单来讲,投饵率,简而言之,就是 100 公斤的鱼每天应该吃多少饲料。投饵率用百分之几来表示,也就是饲料重量和鱼总重量的百分比,比如:投饵率为 3%,就表示 100 公斤的鱼一天要吃 3 公斤的饲料。

> **投饵率的定义:**
> 每天投喂饲料的重量与鱼总体重的百分比。

养殖鲟鱼前需要了解什么?

了解什么是"鱼种"

第四篇

鱼 种

指鲟鱼苗经过暂养、开食和转食驯化后,规格达到 10 厘米以上,体重在 10 克以上的幼鱼。

一般养殖户进行鲟鱼养殖,指的就是从鱼种养殖到商品鱼这个阶段。

第五篇 5

如何进行鲟鱼养殖?

养殖场的选址与设计

场地、水源的选择 ★

★ **场地的选择：**
要选择在环境安静、水源充足、交通便利的地方兴建养殖场。水源和建设养殖池的场地之间要有 1 米以上的落差，才方便进水、排水。

★ **水源的选择：**
流水养殖的水源是涌泉水、溪流、河水或其他符合养殖用水标准的水源，流量不能低于 0.1 升 / 秒；酸碱度（pH）要求在 7.0～8.5 之间；溶解氧含量丰富，一般应在 6 毫克 / 升以上（1 克 =1000 毫克）水温为 6～27℃，但夏季水温应不高于 28℃。

如何进行鲟鱼养殖？

第五篇

场地、水源的选择

养殖池的外形设计和制作材料 ★

★ **外形设计：**

养殖池的形状可以为圆形、正方形、长方形、八角形。单个养殖池面积在 30 ～ 100 平方米之间，池深 1.0 ～ 1.4 米。

★ **制作材料：**

养殖池的材料采用浆砌石和混凝土结构，池壁要保证光滑、不粗糙。

如何进行鲟鱼养殖？

养殖池的内部设计 ★

★ **供水设计：**
养殖池的供水位置可以选择在顶供水或在池壁侧供水。

★ **排水设计：**
圆形养殖池或八角形养殖池采用中央底部排水，池底坡降（即池塘底面倾斜度）为3%~5%；长方形养殖池的坡降为1%~3%。通常采用套管式排水阀门来控制水位和排污。另外，还要在养殖池的排水口放置拦鱼设施。

养殖池的尾水处理 ★

根据环境保护的有关要求,流水养殖的尾水需要进行处理后才能向外界排放。养殖尾水处理主要采用沉淀、筛网过滤等方法,除去肉眼可见的颗粒物后,再排入生态池塘。在生态池塘中,可以放养滤食性的鱼类,也可以种植水生植物,这样做是为了除去尾水中的氮、磷等营养物质和溶解性有机物。经过生态池塘处理过的尾水,才可以向外界排放或者再次利用。

如何进行鲟鱼养殖?

养殖管理

苗种放养前的准备

★ **流水池消毒：**
放入苗种前，应使用二氧化氯或碘制剂对流水池进行消毒。

★ **苗种消毒：**
苗种在入池前，应使用3%～5%的食盐水浸泡鱼体10～15分钟。

食盐
高锰酸钾
硫酸铜

★ **工具消毒：**
对养殖所用的各种工具，都要用二氧化氯、25毫克/升的高锰酸钾溶液或8毫克/升的硫酸铜溶液浸泡10分钟以上。

苗种的放养

★ 选择活动能力强、健康无病、规格基本一致的优质苗种。鱼体重10～50克，每立方米养殖池放入400～1500尾鱼；鱼体重50～200克，每立方米养殖池放入150～400尾鱼；鱼体重200～500克，每立方米养殖池放入50～150尾鱼；鱼体重500～1000克（2龄鱼），每立方米养殖池放入30～50尾鱼；鱼体重1000～2000克（3龄鱼），每立方米养殖池放入10～20尾鱼。

如何进行鲟鱼养殖？

科学的投喂方式 ★

★ 饲料要求：

投喂质量安全指标和添加剂限量都符合国家有关要求的全价鲟鱼专用饲料，禁止投喂发霉、变质的饲料。不同规格的苗种投喂相应粒径的饲料。鱼体重50～200克，投喂饲料粒径为2.5～3.0毫米；鱼体重200～500克，投喂饲料粒径为3.0～6.0毫米；鱼体重500～1000克（2龄鱼），投喂饲料粒径为6.0～10.0毫米；鱼体重1000～2000克（3龄鱼），投喂饲料粒径为10.0毫米以上。

★ **饲料投喂原则：**
遵循"定时、定量、定质、定点"的"四定"原则。

★ **饲料存放管理要求：**
饲料在阴凉处按生产日期、规格分类保管，同时做好防潮、防鼠、防盗等工作。

农博士，如何投喂饲料呢？

★ **饲料投喂方法：**
人工投喂，或者用自动投饵机投入池内。

人工投喂

自动投饵机投喂

饲料投喂量 ⭐

投喂饲料要根据不同的水温条件进行调整。注意每次投喂饲料后鱼的吃食情况,及时根据情况调整投喂量。

水温18~25℃,鱼体重为50~200克时的投饵率为2.0%~3.0%,一天分6次投喂;鱼体重为200~500克时的投饵率为1.0%~2.0%,一天分4次投喂;鱼体重为500~1000克(2龄鱼)时的投饵率为1.2%,一天分3次投喂;鱼体重为1000~2000克(3龄鱼)时的投饵率为0.8%~1.0%,一天分3次投喂。

水温10~18℃,鱼体重为200~500克、500~1000克(2龄鱼)、1000~2000克(3龄鱼)时的投饵率分别为1.2%、1.0%、0.8%,一天分2次投喂。

水温6~10℃,鱼体重为200~500克、500~1000克(2龄鱼)、1000~2000克(3龄鱼)时的投饵率分别为0.6%、0.4%、0.4%,一天投喂1次即可。

水温低于6℃,根据具体情况,一天投喂1次,或者暂时不投喂。

分池管理

★ 根据鲟鱼的生长情况,应定期筛选分池,这样才能保持养殖的鲟鱼规格大小一致。一般每40～50天进行1次分池,将养殖池内苗种的密度调整到正常的养殖密度。

如何进行鲟鱼养殖？

进水、排水管理

★ 养殖池的水量：
根据鲟鱼的生长情况，调整各个养殖池的水交换量，水流速应控制在0.2～0.5米/秒，水体交换量为每天4～6次。

★ 养殖池的水深：
养殖30克及以下的苗种，养殖池的水深在70～80厘米之间比较适宜；养殖30克以上的苗种，养殖池的水深应在1米左右。

★ 养殖池的拦网：
在养殖池的排水口和溢流口设置的拦网网目要根据苗种的规格大小而定，一般35克的苗种使用网目规格为3.5毫米的拦网，但随着鱼长大，要及时更换网目规格更大一些的拦网。

★ 养殖池的进水口、排水口：
要经常检查进水口、排水口有无堵塞，及时清除堵塞物，保证各个养殖池的水流畅通、均衡。

其他管理

★ 制订并严格执行值班制度和巡塘制度，及时捞出病鱼和死鱼。

★ 完善安全防范措施，有条件的养殖户可以安装监控设备。

★ 要认真做好养殖管理记录。

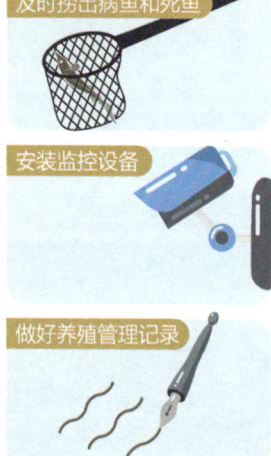

及时捞出病鱼和死鱼

安装监控设备

做好养殖管理记录

第六篇

6

如何做好病害防治？

病害防治

疾病的预防 ⭐

在苗种分池、换池时,尽量带水操作,而且动作要轻,防止带来机械损伤。同时,可以在饲料中添加三黄粉、大蒜素等,增强鲟鱼的免疫力。

鱼一旦生病,治疗上相对比较麻烦,因此做好预防是关键!

如何做好病害防治?

疾病的治疗 ★

水霉病

★ 主要症状:

鱼体受伤处生出白毛状菌丝,病鱼浮动缓慢,食欲减退,最后衰弱而死。

患上水霉病的鲟鱼

食盐 ＋ 小苏打

高锰酸钾

★ 防治措施:

可以用3%～5%的食盐水浸泡病鱼10～15分钟,或者用10毫克/升的高锰酸钾溶液浸泡病鱼1个小时,还可以使用25毫克/升的食盐水、25毫克/升的小苏打(1:1)合剂浸泡病鱼1小时。

肠类病（肠炎）

★ 主要症状：

病鱼游动缓慢，食欲减退，腹部膨胀，肛门红肿，肠壁局部充血、发炎，肠中没有食物且充满黄色的黏液或脓血。

★ 防治措施：

每公斤病鱼使用200毫克的大蒜素粉剂，拌入饲料中投喂，连续4~6天；或者每公斤病鱼使用100毫克的磺胺嘧啶，拌入饲料中投喂，连续5~7天。

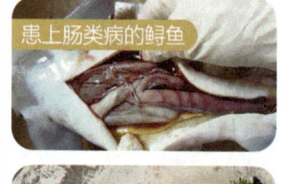

患上肠类病的鲟鱼

患上肠类病的鲟鱼

如何做好病害防治？

寄生虫感染

★ **主要症状：**

病鱼游动缓慢，摄食下降，日渐消瘦，色泽暗淡，严重时导致死亡；在显微镜下检查会发现，病鱼体表上有大量寄生虫（如车轮虫、指环虫、斜管虫等）。

★ **防治措施：**

使用3%~5%的食盐水浸泡病鱼5~10分钟，或者使用剂量为5毫克/升的晶体敌百虫浸泡病鱼5~10分钟，或者使用30~50毫克/升的福尔马林浸泡病鱼30分钟。

一定要在专业人员的指导下，科学、合理地用药。

第七篇 7

销售商品鱼要注意什么?

商品鱼的销售

根据市场需求，会按鲟鱼的不同规格出塘销售。出售前，提前1~2天停止投喂。捕捞时，动作要轻，避免因受外伤或应激反应过度，导致鱼的死亡。一般商品鱼用鲜活鱼运输车充氧运输到销售点，可以根据养殖场与销售点之间距离的长短及气温的情况，在运输途中通过适当换水、加冰块等来降温。

销售商品鱼要注意什么?

驯养繁殖许可证、经营利用许可证的办理

根据相关法律法规,驯养、繁殖、销售鲟鱼实行"许可制度",需要到县级渔业主管部门办理相关证件。

合法养殖和销售鲟鱼需要办理水生野生动物经营利用许可证和水生野生动物驯养繁殖许可证!

名词解释

附　录

名词解释

- ★ **饵料系数**：指在一定时期内鱼类消耗某种饵料重量和鱼类增加重量的比值，是评价不同饵料的营养价值和经济效果的指标。

- ★ **鱼长**：一般指鱼的全长，从鱼的口吻端到尾鳍末端的总长度。

- ★ **水花**：指由亲鱼产卵、受精孵化出的鱼苗至平游期的仔鱼。

- ★ **乌仔**：长度1.0~1.5厘米，一般指水花下塘后7~10天阶段。

- ★ **黄瓜片**：长度2.0~2.5厘米，形如黄瓜子大小，一般指水花下塘后15~20天阶段。

- ★ **寸片**：长度3.0~3.5厘米，一般指水花下塘后25~30天阶段。

- ★ **鱼苗**：指孵化出来的长度为3厘米左右的小鱼。

- ★ **鱼种**：指全身披鳞（无鳞鱼除外）的仔稚鱼到生长至形态和成鱼相似的幼鱼。

- ★ **亲鱼**：又叫亲本、种鱼，指用来繁育的鱼。

- ★ **商品鱼**：指规格较大的成鱼或食用鱼。